源自全球学校人文科学品质读物

我是从哪里来

小多（北京）文化传媒有限公司○编著

艺术与科学探知系列

SPM 南方出版传媒 广东人民出版社
·广 州·

图书在版编目（CIP）数据

我是从哪里来的 / 小多（北京）文化传媒有限公司编著. —广州：广东人民出版社，2016.10
（艺术与科学探知系列）
ISBN 978－7－218－11087－5

Ⅰ. ①我… Ⅱ. ①小… Ⅲ. ①人类起源—少儿读物 Ⅳ. ① Q981.1–49

中国版本图书馆 CIP 数据核字（2016）第 179086 号

WOSHI CONG NALI LAIDE
我是从哪里来的
小多（北京）文化传媒有限公司 编著

出 版 人：肖风华

责任编辑：刘 宇
封面设计：象上品牌设计
责任技编：吴彦斌 周星奎

出版发行：广东人民出版社
地 址：广州市海珠区新港西路 204 号 2 号楼（邮政编码：510300）
电 话：（020）85716809（总编室）
传 真：（020）85716872
网 址：http：//www. gdpph. com
印 刷：三河市兴国印务有限公司
开 本：889mm × 1194mm 1/16
印 张：3.25 字 数：60 千
版 次：2016 年 10 月第 1 版
印 次：2020 年 5 月第 2 次印刷
定 价：36.00 元

如发现印装质量问题，影响阅读，请与出版社（020–85716849）联系调换。
售书热线：（020）85716826

目录 Contents

第40页

第29页

写在前面的话

“小宝宝是从哪里来的？”好多人小时候大概都问过这个问题。为了弄清楚这个问题，科学家可花了不少心思。

早在亚里士多德的时代，人们就开始探索这个问题了。那时，就连亚里士多德都以为：蚜虫是从露水中长出来的，鳄鱼则来自朽木……总之，生命是自然而然或者说是凭空产生的。时间过去了几百年，科学家们才确信，新生命只能从另一个已经存在的生命里诞生。

但是，他们又开始争论：有人认为妈妈是新生命诞生的关键，爸爸只是欢迎新生命的“拉拉队员”；另一些人认为爸爸是关键，妈妈只是为没出生的宝宝提供养分和住所；还有科学家做了有趣的试验——给青蛙穿上紧身裤……

幸运的我们，可以站在无数科学家的肩膀上，看到生命的奥秘。你可能早就知道“小宝宝是从哪里来的”，但是，还有好多事情你可能不知道。比如：宝宝在妈妈肚子里是什么样子的？小宝宝出生时会遇到什么麻烦？动物宝宝出生后又会有怎样的冒险经历？翻开这本书，让我们一起看看，一个个小生命是怎样来到这个世界上的。

编者：比力

Where Don't Babies Come from?

小宝宝“不会”从哪里来？

作者：米丝迪

小朋友可能都问过爸爸妈妈：“我是从哪里来的？”这个问题让爸爸妈妈十分抓狂。当然，答案也是各种各样的。

“传说，有一种鸟名叫‘鹳’，它的任务是运送孩子。当鹳落在谁家屋顶造巢，谁家就会喜得贵子，所以你是鹳送来的。”这是浪漫的妈妈们回答的。

“我走到一个卷心菜园子，发现卷心菜竟然长出一个小孩子，我就把他抱回来了。这个孩子就是你。”这是富有想象力的妈妈们回答的。

“你是我上网淘来的。”“你是超市买一送一赠的。”这是爱购物的妈妈们回答的。

“有一天，我和隔壁阿姨饭后散步，发现你在垃圾桶里，我就把你抱来了。亏了我跑得快，要不你就管隔壁阿姨叫妈妈了！”这位妈妈可以当编剧了……

上学后，老师会用唯美的语言形容我们——孩子是爸爸妈妈的爱情结晶。但我们是哺乳动物，又不是石头，不是结晶，而是受精。

受精的公式就是，1个卵子 + 1

个精子＝1个宝宝。即便是科学家，也是到20世纪50年代才知道这个“公式”所有的答案。

古人都是热心的学者，这一点也不奇怪，他们依存于大自然，必须了解大自然，认清潜在的敌人和生存环境。而最重要的是了解自己。和我们一样，当时的学者同样想弄清楚新生命是从哪儿冒出来的。起初，他们认为新生命是自然而然就产生的，就像蚜虫是从露水中长出来的，而鳄鱼来自朽木。但几百年后，科学家得到证实，新生命只会从另一个已经存在的生命里诞生。于是，这些赋予新生命的生命就有了一个科学名称——“父母”，也就是我们说的“爸爸妈妈”。

但是，父母怎样让宝宝诞生呢？古人就猜测，从父母身体的各个部分产生“种子物质”，经过结合，形成后代。虽然后来证实是对的，但在研究过程中，科学家曾发生过一段争执——宝宝主要来源于母亲还是父亲？

卵原论者认为，在孕育新生命的过程中，妈妈和卵子是关键因素，爸爸与精子只是充当欢迎宝宝呱呱坠地的“拉拉队员”而已。科学家发现，母鸡可以在未受精的情况下产蛋，有时确实也能孵出小鸡。而后研究证明，未

受精的鸡蛋只在极少数的情况下才能孵出小鸡——当母鸡仅存的一条性染色体复制为雄性染色体时。不过发生这种情形的概率是极小的。所以，你们以后不要做孵鸡蛋的傻事了，因为超市买来的鸡蛋大多数都是未受精的哦。

另一些科学家则认为爸爸才是宝宝诞生的关键，妈妈只是为还没出生的宝宝提供养分和住所。

卵子还是精子？精子还是卵子？如果宝宝来自卵子，那为什么他们有时候看起来更像爸爸呢？抑或是，如果宝宝来自精子，为什么他们有时候看起来更像妈妈呢？有些宝宝的特征，例如头发或眼睛的颜色，可能是父母两人的综合；其他特征，例如宝宝的性别，不是男就是女。人类只能生出人类宝宝，鸡只能生出小鸡。没有两个人或两只鸡长得一样，就算是看起来一模一样的双胞胎也有不一样的地方。这个“卵子和精子”的议题让科学家头疼不已。而自从生物界“神器”——显微镜发明后，这一问题便豁然开朗了。

16世纪末，一个叫作札恰里亚斯·詹森的荷兰眼镜商偶然把两个镜片放在了一起，他发现眼前的事物变大了。列文·虎克被这个有趣的发现吸引了，他利用自己的手工技术，将镜片打磨成膜片，于是世界上第一台显微镜出现了。

在显微镜不断放大的镜头下，科学家找出了上面那些问题

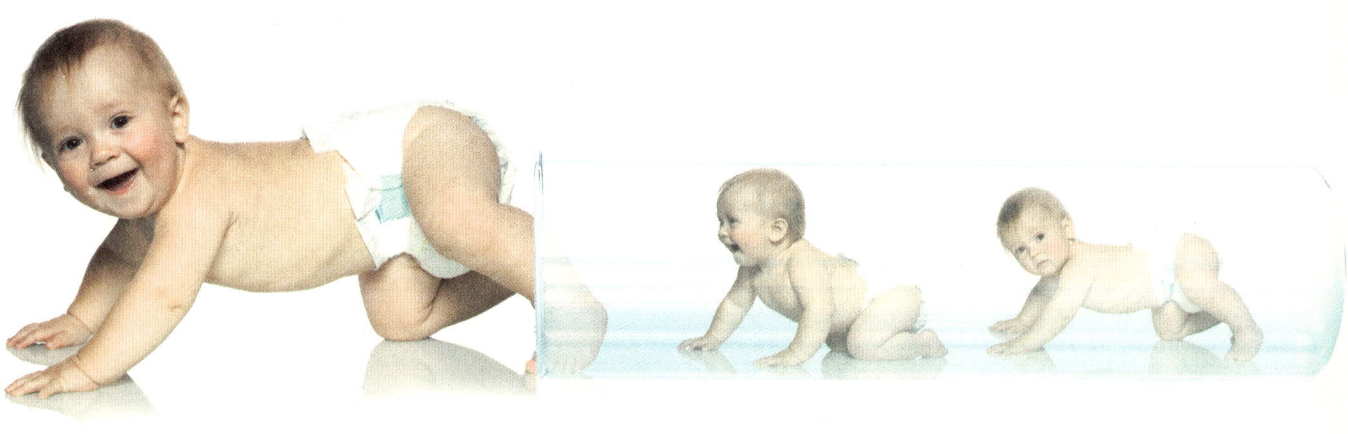

的答案。原来，在精子和卵子细胞中含有一种叫脱氧核糖核酸的物质，通常叫作DNA，DNA是在生物体内发现的物质，它是一种带有重要信息的化学编码。当一个卵子和一个精子结合时，这些信息包含了所有打造全新宝宝的指令。宝宝长得有点像爸爸或妈妈，那是因为父母双方都捐出了等量的DNA，但由于来自爸爸妈妈的DNA能排列组合出数不清的模式，因此没有哪两个宝宝看起来完全一样。

所以，你是从妈妈、爸爸，还有他们的DNA来的，不会是鹳、垃圾桶、超市等地方。

试管婴儿

2010年诺贝尔生理学或医学奖颁给了“试管婴儿之父”——罗伯特·爱德华兹（Robert Edwards）。作为20世纪改变人类生活的重大技术发明之一，试管婴儿技术让400多万名新生命来到这个世界上。

1978年，当世界上第一个试管婴儿出生的时候，人们都认为这个孩子是从试管中诞生的。其实不然，试管婴儿也是从妈妈肚子里生出来的，只不过精子和卵子结合的地点不一样。

1777年，科学家拉扎罗·斯帕兰扎尼曾做过一个有趣的实验。他让公青蛙穿上一条用塔夫绸（一种密度大、表面有光泽、平滑的布料）制成的紧身裤，穿着盛装的公蛙与母青蛙自然配对，很显然，青蛙的卵子和精子并没有结合，他也没看到任何小蝌蚪。但斯帕兰扎尼没有就此停手，在人工结合青蛙卵子和精子后，他变成了一名骄傲的“父亲”，拥有了一窝“试管蝌蚪”。

人类也是如此，医生先从母亲身体里取出成熟的卵泡，再从爸爸身体里取出精子，并放入试管培养液中与妈妈的卵子进行人工受精。等到卵子成功受精后，受精卵发育成胚胎，就可以植入到妈妈肚子里了。这段时期，试管婴儿就跟普通的小宝宝一样在妈妈肚子里健康成长。所以，试管婴儿并不是在试管里生出来的哦。

Tell You the Facts of Life

真相大白

作者：冯迪

既然小宝宝不是来自卷心菜园，也不是鹳鸟送来的礼物，那么他们究竟是怎么来的呢？当你用疑惑的眼神追问爸爸妈妈时，他们可能会吞吞吐吐、支支吾吾，怎么也说不清楚。哈哈！他们不是有意瞒着你，而是真的不知道如何向你开口解释。一位热爱生活的英国作家感受到了爸爸妈妈的难处，于是专门写了一本关于生命孕育的书——《我从哪里来？》，来解答你们心中的疑问。他，就是英国著名作家彼得·梅尔（Peter Mayle）。

（本文插图选自《我从哪里来？》）

乐观幽默的作家

彼得·梅尔1939年出生在英国布莱顿。从事了15年的广告工作后，他在1975年离开广告行业，开始专心写作。他最初创作了一系列关于教育的书，比如这本《我从哪里来？》，以及解答青春期问题的《我怎么了》。可以说，他是一个特别关心孩子成长的人。

尽管如此，梅尔最有名的作品，却是他的“普罗旺斯”系列散文。在他的笔下，法国小镇普罗旺斯的闲适生活是如此引人入胜，令人向往。现在，梅尔和他的妻子就隐居在普罗旺斯。

人们之所以热爱梅尔眼中的普罗旺斯，是因为他将乐观幽默的生活态度融入到了自己的作品当中。这种态度同样也体现在了《我从哪里来？》这本书里。那么，这究竟是一本什么样的书呢？

彼得·梅尔

直截了当、风趣逗乐

《我从哪里来？》是一本揭示出生秘密的书，它用简单直接的语言和生动活泼的插图，告诉你你到底从何而来、你是如何出世的。1973年，这本书首次在美国出版，获得了巨大的反响。1985年，它还被改编成了一部30分钟的动画短片。二十多年来，这本书一直都是许多父母手中的育儿“圣经”，陪伴了一代又一代的孩子，影响深远。

几乎所有爸爸妈妈难以开口的话，梅尔都在书中做出了详细的说明。轻松愉快的文字，会让小朋友对自己以及异性的身体器官有更清晰的认识。值得一提的是，书中有很多逗趣的卡通插图，不但能帮助小读者理解书

里的内容，也为阅读平添了不少乐趣。这篇文章旁边的插图就是选自该书。你注意到了吗？画面上精子、胎儿和小宝宝看上去都是那么健康快乐、憨态可掬，是不是很有意思？对爸爸妈妈来说，这本书是和孩子们沟通的桥梁，它让孩子们感觉到男人和女人之间的关系并不是那么神秘莫测。

谁会拒绝这么帅气的一个精子呢？

你是爸爸妈妈的爱情结晶

在书的开头，梅尔就点破了爸爸妈妈对孩子们说的“小谎言”，然后用一句话道出了真相：“大人”生出了“小人儿”（Little people are made by bigger people）。也就是说，是爸爸妈妈生出了你。接着，作者假设，如果将爸爸和妈妈放在澡盆里，你就会发现爸爸妈妈的身体有许多差别，他们有着不同的器官。那这和我的出生有什么关系呢？你一定会想。别着急，答案即将揭晓。

爸爸和妈妈最明显的区别，就是隐藏在双腿之间的部位。正是因为这两个器官，你才能来到这个世上。妈妈的神秘部位叫作阴道，而爸爸的叫作阴茎。

帮助你了解了爸爸妈妈的区别后，梅尔接着用一个浪漫的故事揭开了出生的奥秘。原来，爸爸妈妈因为相爱，会不由自主地被对方吸引，他们会拥抱和亲吻，然后开始进一步的身体接触。在这个过程中，含有精液的阴茎就会进入到阴道里。每一滴精液里含有成千上万个精子。这些精子长得就像一只只小蝌蚪，但只有在显微镜下才能够看清楚。这些“小蝌蚪”离开阴茎后，会奋力地游进阴道。它们就好比在进行一场赛跑，谁最先找到妈妈身体里面的卵子，谁就能获得冠军。最后，总会有一个精子获得胜利。那个获得胜利的精子和卵子结合在一起，在妈妈的肚子里开始发育成胎儿。而妈妈肚子里的胎儿，就是你。

经过十月怀胎之后，妈妈辛苦地将你生出来。当你哇哇地哭着来到世上时，就开始了新的生命旅程。所以你看，每一个生命的诞生，都是爸爸妈妈的爱情结晶，是充满惊喜的“果实”。

Where Do Babies Come From?

小宝宝是怎么来到这个世界的？

作者：雅元

看了前面的文章，你再去问爸爸妈妈那个老问题——“我是怎么来的？”他们可就没办法糊弄了！本来嘛，小孩子出生这件事既不神秘，也不需要忌讳。

这是一场大自然精心安排的近10个月的旅程，既惊心动魄又井井有条……无数人着迷于探索生命孕育的奥秘，也许你将来也会是其中的一位。

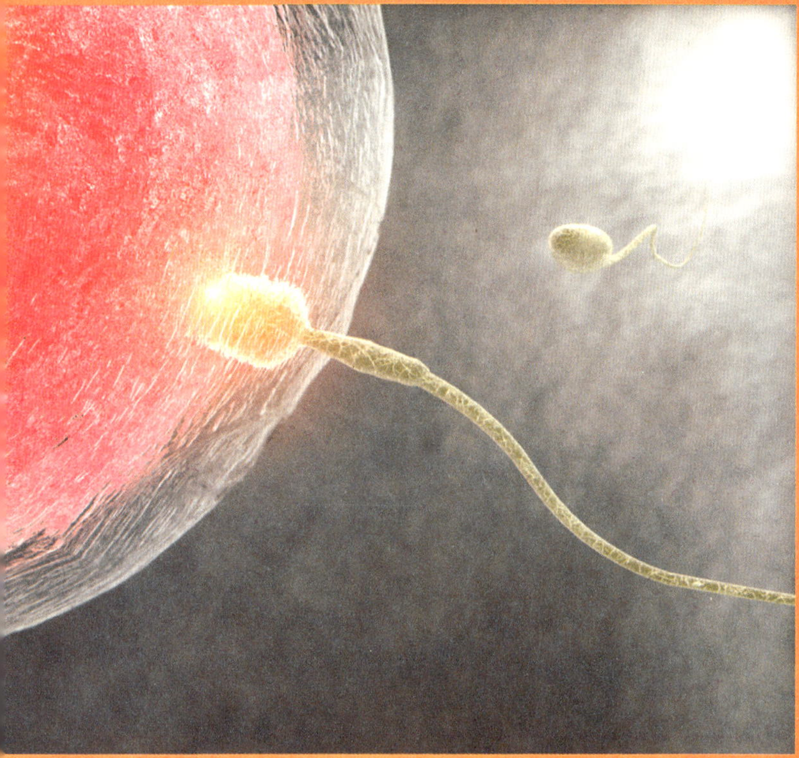

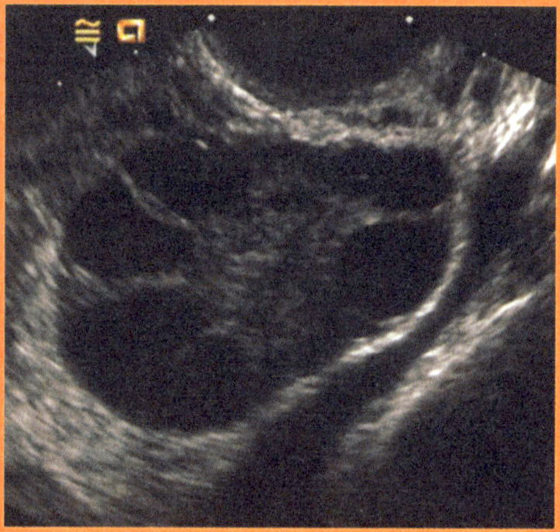

上图是卵巢的超声波图像。黑色的区域是充满液体的滤泡，那里有可能会释放出一个成熟的卵子

准备工作开始了！

在生命孕育的旅程开始之前，准备工作充满小浪漫。大自然充当着一位不说话的红娘，她安排一男一女相遇、相知、相爱，让他们心中充满养育小宝宝的渴望。在她的安排下，女人的身体每个月都会产生一个特殊的“卵子细胞”，她就像一位害羞的公主躲在女人的身体里，等待白马王子的出现。男人的身体里则会产生大量拼命追逐卵子的精子细胞，在大自然优胜劣汰的残酷法则下，只有一个幸运的精子最终能冲破重重险阻，在合适的时机和卵

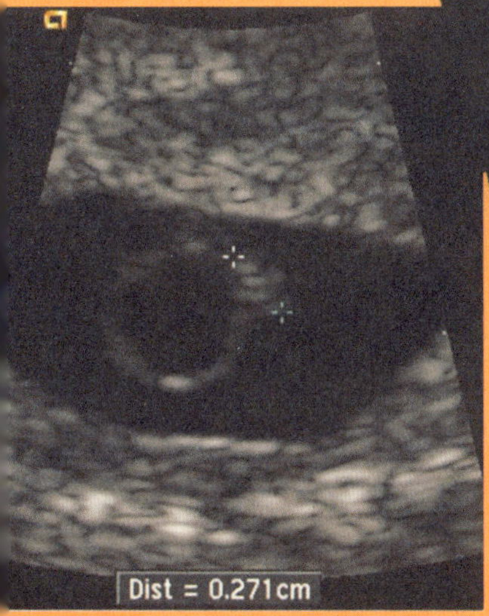

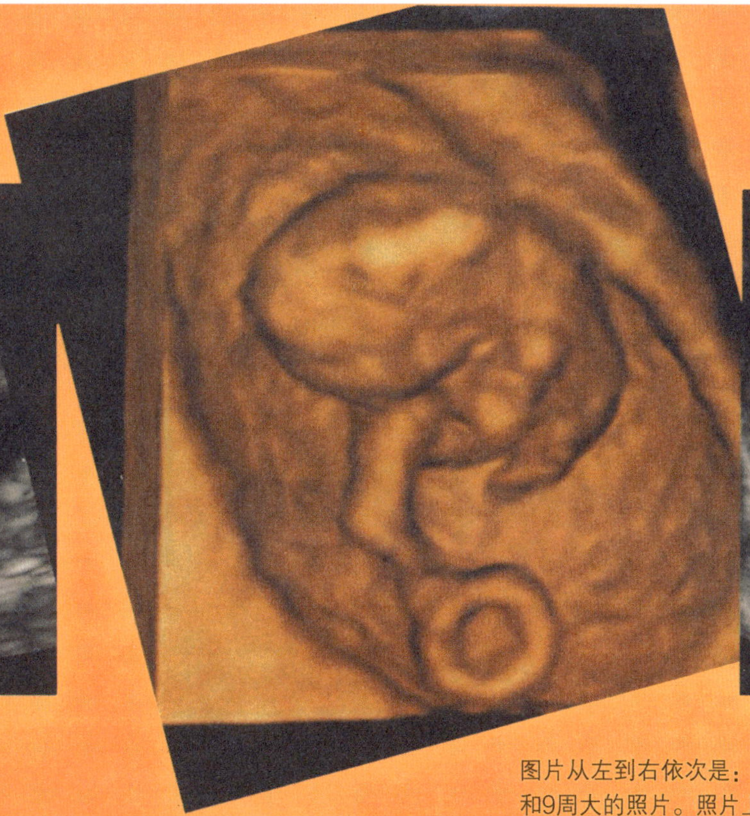
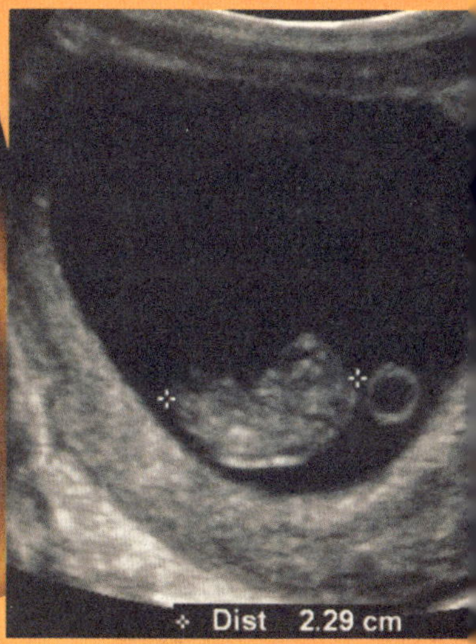

图片从左到右依次是：胎儿发育到6周大、8周大和9周大的照片。照片上可以看到脐带和卵黄囊

子结合。当卵子和精子结合成“受精卵”的一刹那间，一个生命的雏形就宣告形成了，是男是女也在这个时候敲定了。如果精子中的X染色体和卵子结合，那么这个受精卵就会长成一个女孩；如果精子中的Y染色体和卵子结合，这个受精卵就会发育成一个男孩。到目前为止，到底是X还是Y和卵子结合，仍然是随机产生，无规律可循，爸爸、妈妈谁都说了不算！

第1个月

针尖大小的受精卵的细胞有着惊人的强大分裂再生能力，1个变2个，2个变4个……它们快速而且不断地分啊，长啊，一部分长成胎盘，一部分发育成胚胎，也就是宝宝的身体。有意思的是，在成长的过程，所有的器官都遵循“从外周到中间”的规律，最典型的是“眼睛”和“耳朵”：眼睛先是长在头的两侧，然后再慢慢向脸中间靠拢；而耳朵，也是最初从肩膀上慢慢移到脸旁。

一个月的时候，胚胎中的头和身体都有了明显的轮廓，头上两个小小的黑点非常明显，它们就是眼睛最初的样子。有意思的是这个胚胎还带着一个小尾巴（尾骨），让它看起来像个小蝌蚪。虽然这个时候的胚胎大约只有一粒米那么大，质量也仅有10多克，但是就在这么一个小不点儿上，心脏、四肢、各类器官等都进入了萌芽状态。尤其是它的小心脏，虽然跳动得非常虚弱，每分钟只有20多次，但毕竟进入了工作状态。

第2个月

胚胎细胞像个“工作狂”（或者是“拼命三郎”）一样继续不停地分裂，不停地生长。在2个月的时候，胚胎的大小已经像一个核桃了。脸、四肢、器官的轮廓都清晰可见了。

目前这个小小的胚胎还无法自行解决吃喝拉撒的问题，营养物质的摄取和排泄物的处理全要通过妈妈的身体来进行。胎盘和脐带承担了这一重大任务。胎盘的一侧和母亲的身体紧密相连，另一侧则靠着一条细长弯曲的脐带直通胚胎的腹部。胎盘从母亲的身体里吸收营养物质、氧气和水，再通过脐带传递到胚胎的血液中，从而让胚胎获得继续生长的各种能量。而胚胎的排泄物也通过脐带和胎盘的传递，交给妈妈的身体处理。

这时候，胚胎身上的皮肤开始显现，不过像纸一样薄，皮肤上布满细细的、红红的血管。脑袋占身体的比例很大，脑袋里各种神经细胞正忙着快速生长为两个半球。心脏也在努力地分化成左右两个心室。你可能想不到：现在这个小小的胚胎，其心跳速度可以达到每分钟150多下，几乎是妈妈的两倍呢！它的四肢更加明显了，手掌和脚趾已经以“蹼”的样子存在了。猜一猜，手指和脚趾，谁先长出来？答案是手指哦！另外，它开始尝试动动胳膊，踢踢腿，但是动作力度实在是太小了，妈妈根本就感觉不到。

第3个月

在3个月时胚胎变得更加强大了，尽管它的个头只相当于一个苹果，但已经基本具备“人”的形态了。鼻子、耳朵、眼睛、嘴巴等各就各位之后，一张精巧的婴儿脸呈现出来。它的手指和脚趾都清晰可见，甚至指甲也开

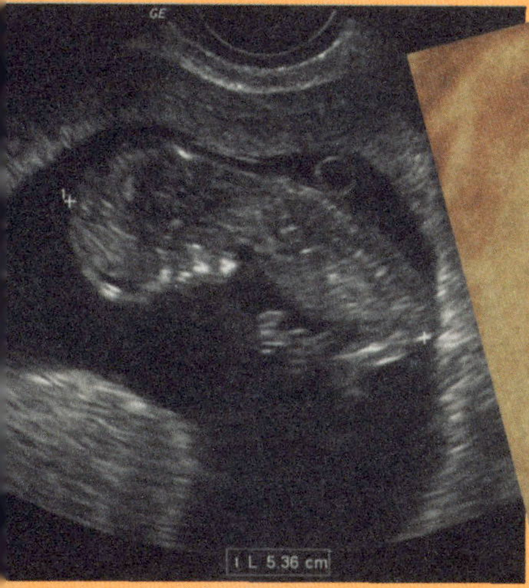
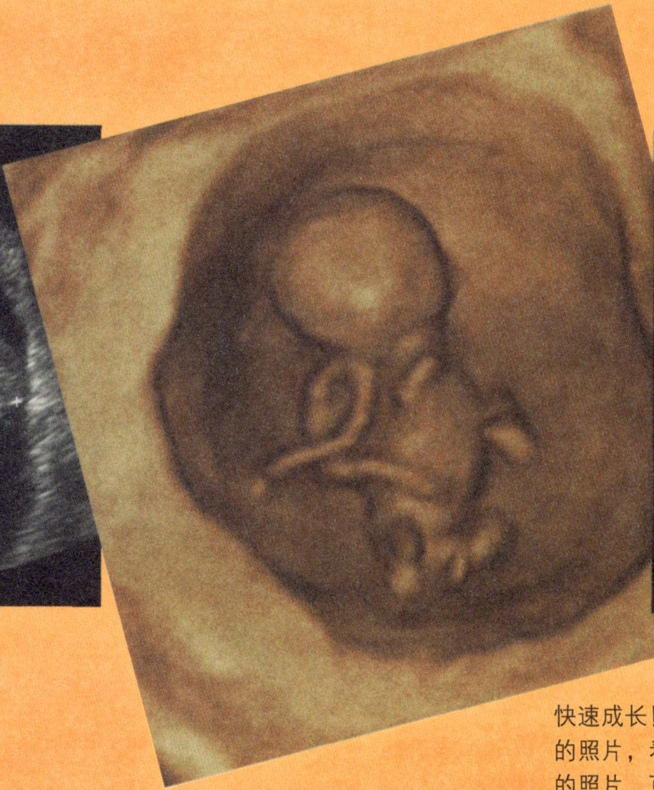
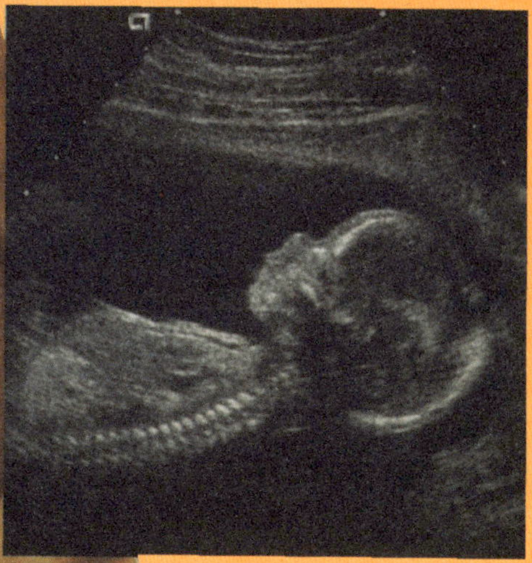

快速成长！图片从左到右依次是：胎儿11周大的照片，看起来不那么像蝌蚪了；胎儿12周大的照片，可以看出它的头、胳膊和腿；胎儿16周大的照片，脸和脊柱清晰可见

始生长。骨骼变得坚硬挺实。心、肝、胃等器官发育得更健全了。它不再满足于静止不动的状态，已经可以完成张嘴、闭嘴、吞咽、伸懒腰、挥手、踢腿等动作了。

到了第3个月月底，它不幸夭折流产的概率变得很低，现在，它不再被叫作“胚胎”，而是被称为“胎儿”，甚至被尊称为“宝宝”了！借助仪器，我们可以听到宝宝的心跳了！想想，一个人的身体里有两个心脏在跳动，真是够酷的！这段时间它还有了一个重要的飞跃——那就是它有意识了，对外面花花世界的刺激，它的神经系统产生了喜欢或厌恶的反应。

第4个月

4个月时宝宝继续按照大自然的设计迅速而又有条不紊地发育着。脊柱非常明显了，小尾巴则不知不觉地消失了。眉毛和头发也开始生长，独有的掌纹结构也显现出来了。男孩和女孩分别形成了不同的生殖器官。它的动作更加丰富，手掌、双腿和脚趾等都已经能弯曲和伸展了。此外，在大脑的刺激下，它的面部肌肉也开始得到锻炼，皱皱眉头，做个鬼脸，你不得不说它真的很“萌”。它还可以在妈妈肚子里的羊水中左漂漂、右荡荡，甚至来个翻身动作，真是有点“不安分”了，但是，由于羊水的缓冲作用，它的运动行为还不至于让妈妈感到疼痛。如果它在这个时候着急来到世界，是无法成活的。它还要继续耐心地在母体里成长。

第5个月

孕期的旅程进行到一半了！这时宝宝也越

来越强壮了，它大约有15~22厘米长，体重大约有300克。它的骨骼在这段时间发育增快，四肢和脊柱都快速进入骨化阶段。肌肉也越发结实了，这个健壮的小人力量越来越大，在它开心做运动的时候，会让妈妈感到一点疼痛。这个阶段的成长飞跃是听觉的发展，它不仅可以听到妈妈的心跳，还可以听见外界的各种声音。如果爸爸从现在就开始常常对着它说话，那么它出生后就不会对爸爸的大嗓门感到陌生了。

它的脑袋也正在快速发育，逐渐划分出主管嗅觉、味觉、听觉、视觉和触觉的专门区域。如果它现在着急要从妈妈肚子里出来，还是有可能存活下来的。

第6个月

6个月时宝宝进入发育的精雕细琢阶段。头发变得越来越浓密。眼睫毛长得很漂亮。嘴唇的形状也已经固定了。十个手指头上也已经长出了柔嫩的指甲。它的皮下脂肪还不够多，皮肤看上去皱巴巴的，不过它的身上覆盖着一层白色的、滑腻的胎脂，让它看上去很圆润。这些胎脂不但会保护它的皮肤在羊水中长期浸泡而损坏，还会帮助它在出生的时候顺利滑出妈妈的身体。它的味蕾也形成了，如果这个时候妈妈吃了甜甜的食物，它就会加快吸吮的速度，而如果妈妈吃了味道浓烈或者很苦的食物，它会表现出嫌恶，拒绝吸吮。虽然它的肺还没有长好，还是要从胎盘获取氧气，但是它已经开始试着用“打嗝”的方式进行呼吸练习了。

第7个月

7个月时宝宝的体型大致发育完善，体重稳定增加，样子和出生的时候差不多了。它对

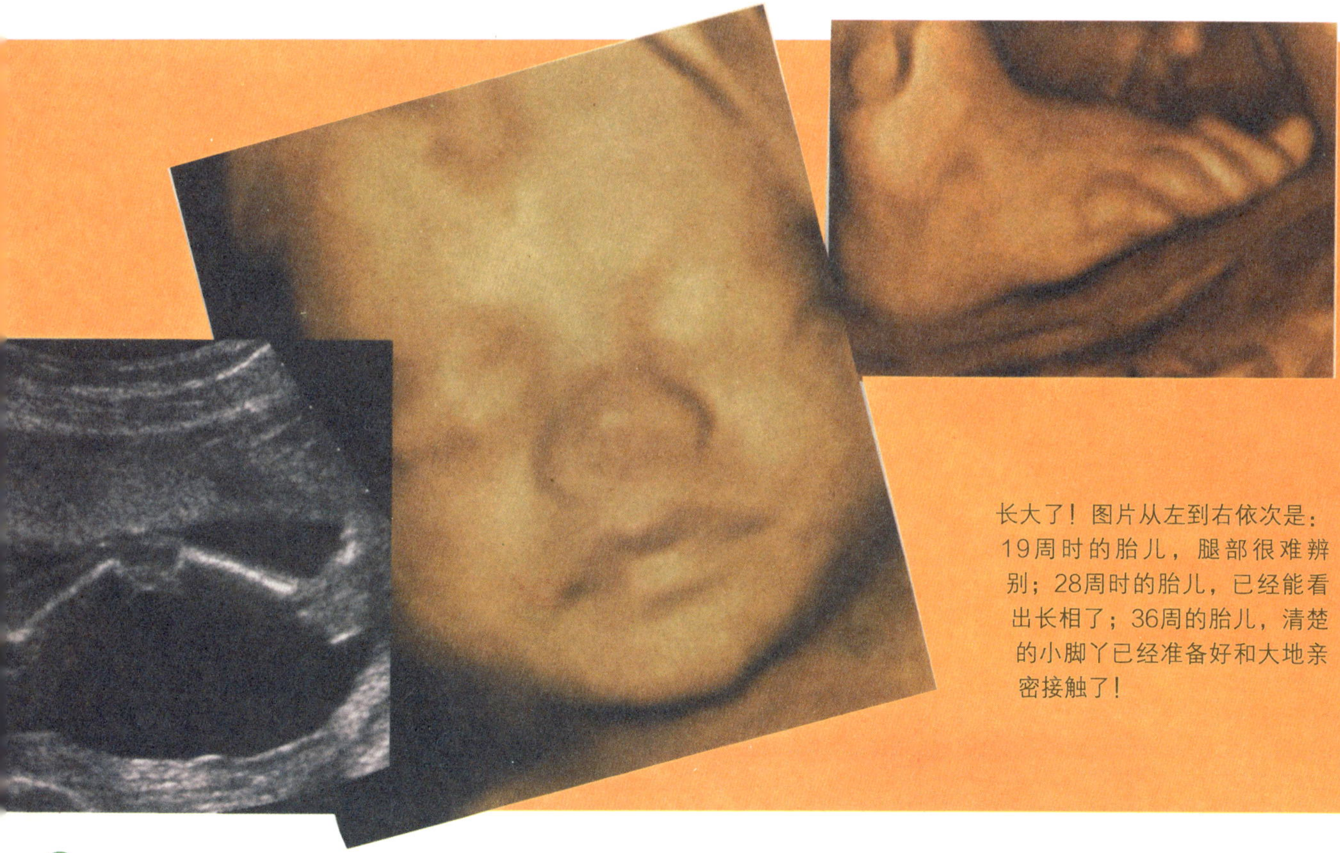

长大了！图片从左到右依次是：19周时的胎儿，腿部很难辨别；28周时的胎儿，已经能看出长相了；36周的胎儿，清楚的小脚丫已经准备好和大地亲密接触了！

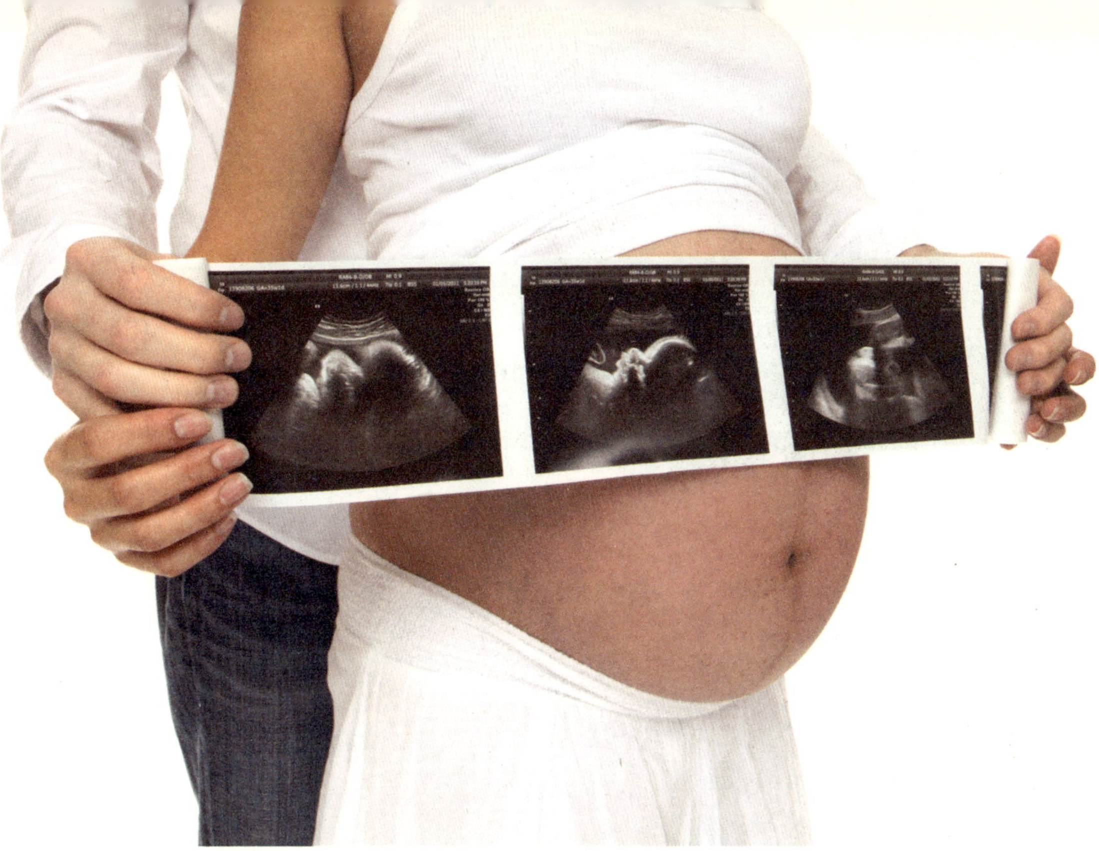

光线的敏感度增加，如果用手电筒照射妈妈的肚子，它马上就会转动头部。它的眼睛可以睁开、闭上，而且不但有了自己固定的睡眠周期，睡觉的时候还能进入梦的世界。可就算科学家没日没夜地研究，也还是无法知道它到底做了什么梦。它的运动幅度继续增大，小手、小脚对着妈妈肚子又打又踢，甚至还在妈妈的肚子里翻跟头，搞得妈妈的肚子一会儿这里鼓起来，一会儿那里凸出来。它的运动练习有时候会让妈妈感到疼痛，甚至呼吸困难。它的皮肤不再那么单薄得让人担心，因为有更多的皮下脂肪将以前清晰可见的毛细血管保护起来了，这些皮下脂肪让它的体重迅速增加，还能帮助它在来到人世间的时候不至于感到太冰冷，它现在经常做一个相当卖萌的动作——将手指放到嘴里去吸吮，相当陶醉的样子。有趣的是，95%的宝宝会喜欢吸吮右手，只有5%的宝宝青睐吸吮左手。

第8个月

这个时候的宝宝可不小了，它的身高大约是40厘米，体重大约是1.5千克，像一只成年的小兔子一样大。不过这个时候的宝宝似乎不那么爱动了，别担心，这可不是它出了什么问题，而是它的块头几乎占满了妈妈的肚子，找不到多余的空间来拳打脚踢和翻跟头了。它的长相和出生时基本一致。除了肺部还没有发育完善，宝宝其他器官的发育都已基本完成。皮下脂肪的增多使得它身上的皱纹减少，小家伙看起来肉乎乎的。

第9个月

终于来到最后的一段旅程了！它可以骄傲的称自己为“足月儿”了！现在妈妈的肚子为宝宝提供的空间已经不够用了，它的小手、小脚丫以及小脑袋都能在妈妈的肚皮上凸显出

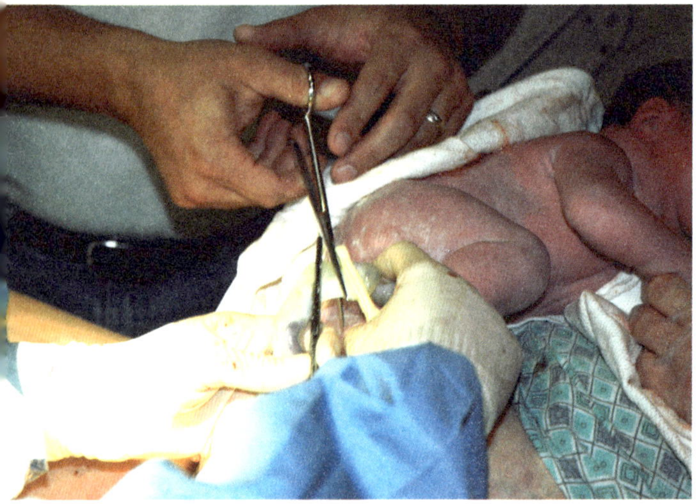

骄傲的父亲正在为新生儿剪断脐带

来。妈妈和医生最为关心的是“头”的位置。大部分宝宝都可以将自己调整到“大头朝下”的体位，这样可以让头部能够进入骨盆，为顺利分娩提供保障。如果有的小家伙自己完成不了这个动作，那么医生就要让妈妈做各种运动，想办法让小家伙“扭头向下”。宝宝现在完全可以辨明黑夜和白天了，可惜作息时间经常是“黑白颠倒”，当妈妈到了夜晚想休息的时候，他可能很活跃，所以这个时候的妈妈真的很辛苦。

第10个月

漫漫旅程终于要结束了，终点就在前方，这个各方面发育都很成熟的小家伙随时都有可能降临世间！不过只有5%的宝宝能按照预定的时间准时来到这个世界报到。这段时间对宝宝和妈妈来说都是最为艰难的，因为顺利分娩并非易事，充满惊险。在分娩前夕，宝宝的肺部，这个最后发育成熟的器官，会分泌一种特殊的物质，导致胎盘成分变化，造成母亲的子宫壁收缩，这就是分娩的信号。每一次子宫收缩，都会将宝宝通过骨盆向母亲的体外推去，而宝宝则要不断扭动、旋转身体，甚至要旋转360°，才能顺利从妈妈的身体里钻出来。一旦全身出来之后，宝宝立刻迎来最艰巨的一项挑战：用肺呼吸空气中的氧气！在此之前为它提供氧气和营养物的胎盘和脐带则完成了历史使命，脐带被剪掉，胎盘将自动脱落出来。

9个月前，它仅仅是妈妈肚子里一个针尖大的受精卵；9个月之后，它是一个身长约50厘米，体重约3.5千克，和世界面对面的小宝宝了。孕育生命的过程，真是奇妙得超出人们的想象，恭喜每个健康出生的宝宝，他们都是大自然的奇迹！

Unnatural Birth
危险的诞生

作者：三更

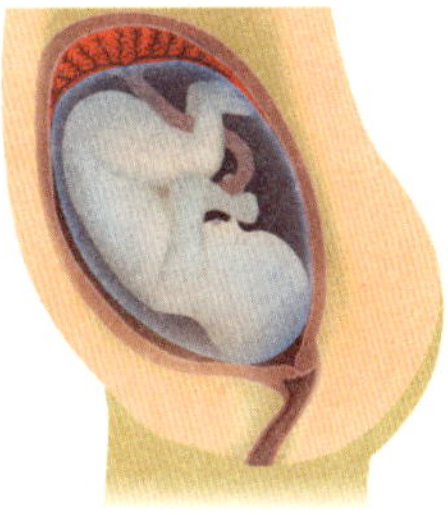
正常胎位

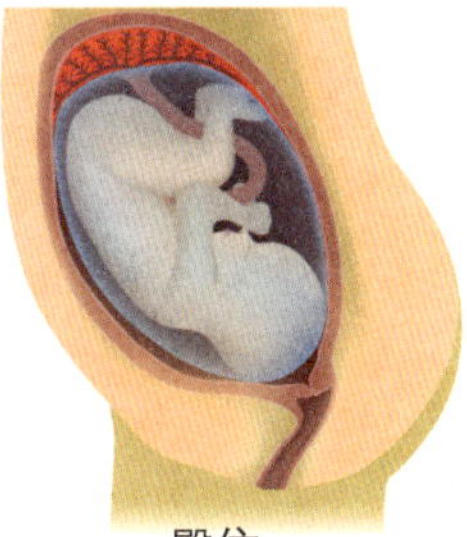
臀位

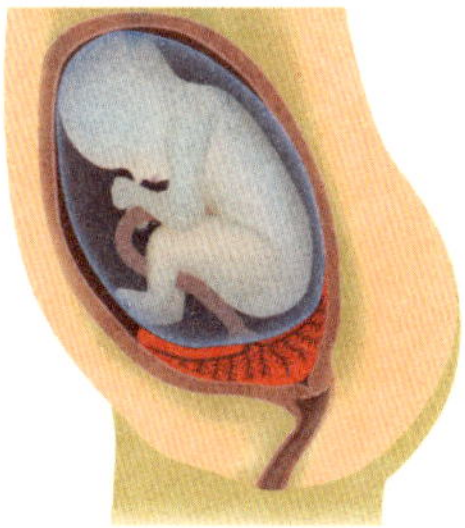
胎盘前置

你大概听说过剖宫产吧？由于种种原因，小宝宝不能从母体自然分娩，或者自然生产会对宝宝和妈妈的生命造成危险的时候，医生会采取剖宫产，就是麻醉后切开妈妈耻骨上方的皮肤，像剥鸡蛋皮一样小心翼翼地挑开层层保护膜，将宝宝直接从妈妈的子宫里取出来。有时候，即便宝宝情况正常，有些妈妈还是会选择剖宫产。

下面这些原因，都可能造成剖宫产：

臀位分娩或者胎位不正

在怀孕后期宝宝一般是头朝下的，这种姿势下，宝宝从妈妈肚子里出来会比较容易。但也有一些宝宝是臀部、腿或者背部朝下，造成分娩困难。

胎盘前置或者胎盘早剥

胎盘是依附在子宫内壁上的厚膜，通过脐带与宝宝联结起来，给宝宝提供氧气和养分。胎盘挡住了子宫开口，叫胎盘前置，这样分娩时宝宝就无法从子宫里出来。正常情况下，分娩以后胎盘才会剥离子宫，但有时候胎盘过早剥离，宝宝就得不到胎盘传送的氧气和养分，这种情况叫胎盘早剥。这两种情况都会让宝宝的出生变得很危险。

脐带缠绕

宝宝在妈妈肚子里动来动去，有时候，脐带会缠绕在宝宝的身体和脖子上，如果脐带绕得太紧，使宝宝呼吸困难，就必须采取行动解救宝宝了。

胎头骨盆不相称

这种情况是指宝宝的头比妈妈的骨盆大，无法顺利通过骨盆出来。

羊水过多或过少

羊水过多，会挤压妈妈的肺部，使她呼吸困难；羊水过少，宝宝的脐带会纠缠起来，给他们带来生命危险。

剖宫产的手术很早就有了，在古代，它一般是用来挽救已经死亡的孕妇的胎儿，对于活着的孕妇不会采取，因为到19世纪末，英国剖宫产的死亡率还是85%。不过别担心，现在的剖宫产手术已经非常安全了，也许你自己就是一个剖宫产宝宝呢。

Different Ways to Give Birth

五花八门的出生方式

作者：冯迪

动物生育宝宝的方法有很多种。

它们发芽（芽殖）

不仅植物会发芽，一些动物也是如此。水螅的孩子大都是从“芽”长成的。芽是母体身上的细胞生成的特殊组织，这个芽体不断地进行细胞分裂，最终变得跟母体一模一样，这时它会脱离母体，形成一个新的生命，可以自己生活和成长。

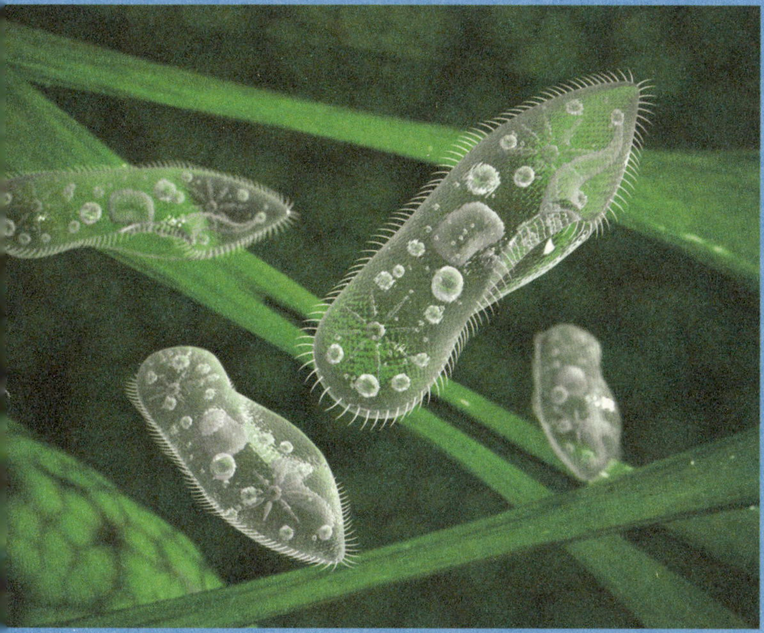

它们分裂（裂殖）

当草履虫长到足够大时，这个小小的单细胞动物会从身体中央开始凹缩，再渐渐断开，形成两只草履虫，它们会各自生长出缺陷的结构，最终变成一对相对原来较小的“双胞胎”。某些变形虫和细菌多是以这种方式繁殖后代的，科学家把这种方式叫作裂殖（分裂生殖）。

它们“解体”（断裂生殖）

有些种类的海葵可以从口部起纵裂成两段，它们会各自发育为新个体。一些低等的多细胞动物，比如海胆、海星和蚯蚓等，也采用这种方式繁殖后代。不过，“解体”的过程可能是有意或者无意的，断裂的部位也可能是不固定的。

芽殖（出芽生殖）、裂殖（分裂生殖）、“解体”（断裂裂殖）是动物无性生殖的全部形式。在无性生殖中，一个母体制造了和它自己完全相同的婴儿，这些和母体一模一样的婴儿被称为“克隆体”。

水中相遇

许多海洋动物把它们的精子和卵子释放到水中，其中一些可以在那里找到伴侣。

在每年固定的时间里，刺尾鱼和其他一些种类的热带鱼会产卵。雄鱼和雌鱼将无数的精子和卵子排入水中。这些小东西中的大部分会随着水流远去，有一些会被其他饥饿的动物吃掉。但是，有一些精子碰到了卵子，钻了进去，形成受精卵。它们四处漂流，幼小的胚胎在柔软的卵壳里发育成长。

珊瑚、蠕虫、蛤蜊等海洋动物也是卵生。

鲜艳色彩

有些动物靠闪亮的肤色吸引伴侣，例如变色龙。变色龙是一种皮肤上有着特殊色素细胞的蜥蜴，这些色素细胞可以让它们变换颜色和花纹。变色龙通常和周围的环境混成一体，但是在交配季节，雄性变色龙会变成明亮的颜色，以吸引雌性变色龙。

激烈战斗

每个冬天海象都会聚在一起，雄海象为了获取交配的权利，会用它那长长的獠牙进行战斗。搏斗可能非常惨烈，但是胜利者会赢得交配的权利。一个雄海象通过战斗赢得一群雌海象并与它们交配，从而建立属于自己的家族，并将它延续下去。

照亮天空

萤火虫通过发光传递信息，寻找伴侣。傍晚，雄萤火虫在空中巡逻，每隔几秒钟就闪动尾巴上的亮光。雌虫通过闪亮自己的信号做出回应，直到雄虫降落到它身边与它交配。所有种类的萤火虫都有自己的闪光信号系统，从而防止不同种类的萤火虫相互结合。

搭建爱巢

雄性花亭鸟用树枝精心搭建出拱形穹顶或其他形状的鸟巢，上面覆盖着草和树叶，这些鸟巢被称为“花亭”。“花亭”的唯一目的是使雌性花亭鸟过目不忘。每个雄鸟用色彩亮丽的花和其他吸引眼球的物件装饰它的“花亭”。雌鸟像一个挑剔的购物者，飞进每一个“花亭”视察，最终选择与建造了最美“花亭”的雄鸟结成“夫妻”。

一旦雄性和雌性互相选择了对方，它们就会交配。不同的动物交配的方式也不同。一些雌性动物排出卵子，雄性将精子排到卵子的上方。

为了生育后代，雄蛙从背后抱住雌蛙，在雌蛙产出卵子时将精子排到卵子上。与多数鱼类和其他海洋动物缺乏确定性的生殖方式不同，蛙类总是将精子和卵子放置在一起，这就增加了卵子受精的概率。

Seeds, Please!

种子大冒险

作者：许晨暄
绘者：墨琼

在你家厨房的角落里，也许穿着种子外衣的植物宝宝们正躲在厨房角落里悄悄地等待成长！来一次种子大搜索活动吧！请你仔细瞧一瞧屋里屋外，能找到的种子数量可能会让你大吃一惊呢！

家里的种子

要在家里寻找种子，请在以下地方找找看：

★ 在全麦面包和杂粮袋里

★ 在果酱和芥末或者袋装花生和麦片里

★ 在汤里你可能会发现豌豆，在八宝粥里嘛，种子的种类就更多了

★ 在桌子上的花束的花苞里

隐秘的种子

你能找到野生香蕉种子吗？

小提示：只有一颗哦！

屋外的种子

请你到室外进行一次种子搜索吧！夏末和秋季是果实累累的季节，最适合进行这样的搜索。在花坛、草丛或树上仔细寻找，你就会有特别的发现。当你回家时，抖一抖脚上的袜子，说不定会有种子粘在上面！

种子会漫游

如果每一棵植物的种子都在掉落的地方生根发芽，那可就太拥挤了。于是种子们想出了许多出远门的招数。

种子出远门的方式有“粘连法”（粘在小动物身上）、“飞行法”（随风而去）、“漂浮法”（顺水漂流）和“转移法”（鸟类等动物吃下果实后，将难以消化的种子排泄在别的地方）

种子大收集

从现在开始收集各种各样的种子吧！一定很有趣！首先找个盒子，然后将小种子分别放进小瓶子或塑料袋里。这可是一个考验细致和耐心的活，需要将种子分门别类放好——有些种子外观相似，有些种子可千差万别呢！

The Animal Babies

动物世界的宝宝们

作者：赵楠

巨无霸宝宝

你要在妈妈肚子里待上9个多月才能来到世界上，是不是觉得这个过程太漫长了？但人类可不是怀孕时间最长的哺乳动物。象宝宝要在妈妈肚子里待上20~22个月才会来到世界上，这场耗时600多天的马拉松式的怀孕使得象妈妈摘得“陆地孕期最长的哺乳动物”的桂冠。

虽然象妈妈怀孕后，象爸爸远走他乡，独自漂泊去了。但是作为群居动物，象宝宝并不孤单，它是在母亲和象群里其他成员温暖的目光中来到世界上的。象宝宝一落地，就有1米多高，100多千克重，成为当之无愧的动物宝宝中的“巨无霸”。

虽然象宝宝的个头是“巨无霸”，但眼神却很差。最初的几年，象宝宝主要靠嗅觉、听觉和触觉来感知周围的世界。对于象宝宝来说，出生后最重要的事情就是要立刻学会站立行走，以适应象群为了寻找食物和水源不断徒步迁移的生活。象群里的所有成员都会围绕在刚出生的象宝宝周围，不停地用鼻子碰它，鼓励它站立起来。象妈妈甚至用自己的长鼻子缠住小象的身体，支撑小象站起来。象宝宝出生半个小时之内就可以颤颤巍巍地走进象群，跟着

大家一起前进了。

象妈妈是动物界中慈母的典型。通常，象宝宝4岁之前一直都有强烈的喝母乳的需求，有的象宝宝甚至要喝到6岁。为了有充足的母乳，象妈妈要想方设法四处寻找水源和树叶，而象群里的每个成员也会尽量让象妈妈先吃到鲜嫩的食物。象宝宝常常快活地在妈妈身子下面行走，象妈妈的四肢就像厚重的墙壁，为小象挡住暴晒的阳光，也挡住狮子、老虎等猛兽对小象贪婪的目光。因为象宝宝出生后，鼻子上的肌肉还没有发育好，所以它们还不能运用鼻子做各种事情，洗澡、喝水等都还要依赖妈妈帮忙。

其实不仅是象妈妈，整个象群都会全力以赴地照顾象宝宝。尽管象宝宝行走速度慢，影响了象群的前进速度，但是象群永远不会抛弃小象。如果有危险发生，象群的成员会自动把象宝宝围在中间，保护它们不受伤害。在友爱互助的象群里，象宝宝是沐浴着大家的爱长大的。

悲情宝宝

和象宝宝出生时所受的礼遇比起来，海龟宝宝们实在是太可怜了，大自然安排它们一出世就面临生存危机。

每年的4~10月是海龟的繁殖季节，和雄海龟交配之后的海龟妈妈会在某个深夜悄悄爬上海滩，选择一个合适的地点开始挖坑。坑挖好后，海龟妈妈便在里面产下上百个蛋，再用沙土把蛋掩埋好，然后就径自游回大海，扬长而去了。

上图（自左至右）：一只雌海龟爬上海滩，它在沙里挖了个坑产卵（左下图），当卵孵化后，海龟宝宝要自己找到回大海的路（右下图）

小海龟在蛋壳里大约要40~70天才会发育成熟，然后破壳而出，它们通常会选择在凉爽的晚上集体爬出窝巢。有趣的是，小海龟“是雄还是雌”是由温度决定的。温度高，会孵出更多的雌性海龟；温度低，则孵出更多的雄性海龟。

刚出生的小海龟只有30克左右，如此弱小的它们要做的第一件事情就是想办法在40多个小时之内游到大海中，否则将会因为脱水、饥渴等原因而丧命。然而在通往大海的路上，却充满了重重危机。它们可能被水鸟等动物吃掉，可能被灼热的沙滩烫伤，可能找不到大海的方向而迷路，可能因为体力不支而长眠在中途。即便是幸运地躲过这些灾难游进大海，也可能被一个巨浪重新打回到海滩，或者成为章鱼、鲨鱼等海洋生物的口中美食。

逃过这些劫难的小海龟在海洋里随着洋流漂来荡去，靠吃一些浮游生物为生。弱小的它们独自打拼，能够生存下来相当不容易，平均一千只小海龟中最后只有一两只能够顺利健康地长大成熟。如此低的存活率，再加上不曾享受过一点点母爱，海龟宝宝们真是动物宝宝中的悲情代表。

明星宝宝

动物宝宝中的大明星非“熊猫宝宝”莫属！全世界只有2000多只的数量以及超慢的繁殖和养育速度，使得每一只出生的熊猫宝宝都异常珍贵，一出世便受到世人瞩目。

熊猫喜欢独来独往，一年当中只有几天对异性产生兴趣。交配之后，熊猫爸爸独自逍遥去了，熊猫妈妈则担负起生育熊猫宝宝的重任。熊猫妈妈会努力地寻找隐蔽的洞穴，仔仔细细地在里面放置好树枝和干草，为自己的宝贝建造一个舒服的出生环境。

熊猫妈妈的孕期大约为3~5个月，大部分熊猫宝宝在8月份出生。宝贝快出世的时候，熊猫妈妈不吃不喝，专心待产。熊猫妈妈通常一胎只生一个，如果生出两个宝宝，熊猫妈妈常常会因为照顾不周而导致其中一个死亡。成年熊猫个高体壮，而刚出生的熊猫宝宝却柔弱到极致，体重只有100~200克，身长只有15~17厘米，像只小老鼠。刚出生的宝宝双眼紧闭，没有牙齿，身体呈粉红色，长着稀疏的胎毛。大约3个星期后，眼睛、肩膀、四肢等部位的黑毛以及身体其他部位的白毛才完整地呈现出来，变成一只标准的熊猫。

在出生后的头一个月里，熊猫宝宝只是睡觉、喝奶和排便，显得非常无助。由于各方面发育都很不成熟，野外的熊猫宝宝存活率很低，它们很容易生病或成为其他动物口中的美食，甚至熊猫妈妈睡觉时一翻身就有可能将它们压死。让人惊讶的是，熊猫宝宝如此柔弱，叫声却很尖利，靠着这尖利的叫声，它向妈妈表达它的存在，还有它吃喝拉撒的需求。对熊猫宝宝来说，妈妈的初乳（产后1～4天内所分泌的乳汁）最为重要，初乳中特有的营养成分是保证宝宝存活的关键。

4个月大的熊猫宝宝

虽然生下来的时候瘦小柔弱，但熊猫宝宝长得非常快。3个月的时候，它的体重就达到5~6千克了，可以站起来摇摇晃晃走几步，但是常常摔倒；4个月的时候，它可以小跑几步了，并喜欢在地上打滚；6个月的时候，它开始吃竹子，并喜欢和妈妈一起玩耍。熊猫

妈妈照顾宝宝尽心尽力，在最初的日子里，它寸步不离自己的宝贝，抱着它，不停地用舌头舔它。这不但给宝贝带来温暖和安慰，同时也可以帮助宝贝清洗身体。这时的熊猫妈妈戒备心十足，对任何靠近宝贝的人或动物都表现得十分凶狠。

爸爸的宝贝

遥远的南极，终年冰天雪地，但在这里出生的企鹅宝宝并不担心寒冷给自己带来的威胁，因为它有一个好爸爸。

企鹅可不像大象爸爸、熊猫爸爸那样，对宝宝不闻不问，不参与养育。当企鹅妈妈怀孕后，企鹅爸爸不离左右，和企鹅妈妈一起用石子、干草和枯枝为宝贝搭窝建巢。企鹅妈妈一般一次只产一个蛋。产下蛋后，它会放心地把蛋交给企鹅爸爸孵化，自己则要离开一段日子，为自己以及宝宝寻找足够的食物。企鹅爸爸会把蛋小心翼翼地放到自己的双脚背上，然后用身体下方盖住企鹅蛋，这样可以为蛋壳里发育成长的宝宝遮风挡雨，保持温暖。任凭冷风吹，雪花飘，企鹅爸爸都一动不动地固守着自己的岗位，不吃不喝的企鹅爸爸用长时间的睡眠来降低身体的消耗。大约60~80天后，蛋里的小企鹅开始努力从坚硬的蛋壳中挣扎出来，尽管它可以用嘴一点点啄破蛋壳，但要完全啄破还是非常困难的，它的好爸爸会不停地发出声音，为小企鹅加油。小企鹅啄一会蛋壳，就要休息一下。这样啄啄停停，常常要花上好几天的时间才能完全破壳而出，来到世界上。

刚出壳的小企鹅并不帅气，它脖子长，身上充满褶皱，头顶是灰黑色的，和身体比起来，它的翅膀不算小，整体看上去就像一只鸟。几个小时之后，它就可以睁开眼睛，抬起头来看看周围的冰雪世界了。它的身上几乎是光秃秃的，稀疏的绒毛完全不能抵御寒冷的伤害，所以它就躲在爸爸的身体下面，不敢离开爸爸的脚背擅自行动。一周之后，它才会在爸爸的脚背上稍微活动一下。

而企鹅妈妈则依靠对宝贝超强的预知能力，常常会在宝贝出生前后及时赶回来，接替企鹅爸爸照顾宝贝。她不但自己吃得肥肥壮壮的，还在胃里储存了大量的食物，她将这些食物吐出来喂养嗷嗷待哺的小企鹅。而企鹅爸爸则赶紧出去觅食，以保证自己虚弱的身体尽快恢复正常。万一企鹅爸爸没有及时赶回来，企鹅妈妈就会想方设法从自己的嘴里吐出一点点东西来喂宝宝。在接下来的日子里，企鹅妈妈和爸爸会轮流外出觅食，喂养小企鹅。

大约一个月的时候，企鹅宝宝身上长出了浓密的羽毛，它们可以独立地在窝巢附近行走游玩了。

值得一提的是企鹅世界的邻里关系非常融洽，如果企鹅宝宝的父母外出或者不幸遇难，邻居朋友就会主动照看成为孤儿的企鹅宝宝。所以在南极，常常会看到一只或几只成年企鹅带领一群小企鹅玩耍，并教授企鹅宝宝生存本领，看上去就和人类的幼儿园一样。

The Secret in an Egg
鸡蛋里的秘密

作者：康妮

你经常吃的鸡蛋里，其实隐藏着很多关于生命的秘密。

什么样的鸡蛋能孵出小鸡？

超市买来的鸡蛋能够孵出小鸡吗？正常情况下是不能的。

公鸡和母鸡交配后，母鸡的卵细胞（蛋黄）经过公鸡的精子授精形成受精卵，受精卵被蛋清和蛋壳包裹，排出母鸡体外，这样的鸡蛋才能孵出小鸡。而超市的鸡蛋一般来自养鸡场，那里的公鸡和母鸡通常是分开饲养的，没有交配的可能性。所以，我们吃到的鸡蛋，一般是孵不出小鸡的。

那怎样知道鸡蛋里是否已经受精了呢？有一种灯光强烈的照蛋灯，把鸡蛋放在照蛋灯下，整个鸡蛋就变得几乎是透明的。人们用它来检查鸡蛋是否受精以及受精鸡蛋里小鸡胚胎的发育情况。如果在照蛋灯下看到新鲜鸡蛋的蛋黄里有黑色的斑点，那么这枚鸡蛋就是可以孵出小鸡的受精鸡蛋。

看看小鸡生长的地方

敲开一个生鸡蛋的壳，把里面的蛋黄和蛋清倒在碗里，你会看到：蛋黄很黏稠，而蛋清则很稀薄。蛋黄富含脂肪，可以为小鸡的胚胎提供充足的营养（现在你知道为什么减肥的人不吃蛋黄了吧？），而液体的蛋清则为小鸡的胚胎提供了生长发育的空间。

如果你仔细看，还会发现蛋黄被一层薄薄的白膜包裹着，这层膜叫卵黄膜，起着固定和保护胚胎的作用。你需要用叉子或者筷子才能破坏卵黄膜，把鸡蛋打散，做出好吃的炒鸡蛋。

如果你爱吃煮鸡蛋的话，你会发现：煮熟的鸡蛋剥开之后，蛋白外也有一层纸一样的薄膜，蛋壳和这层膜是鸡蛋的保护层，能让鸡蛋里的小鸡远离细菌感染。在这一层又一层的防护措施下，胚胎才能安全地慢慢长大，变成小鸡。

你能用手捏碎一个鸡蛋吗？

试一试把一个鸡蛋握在手心，使劲捏。你会发现：无论你如何用力，都捏不碎这个鸡蛋（除非鸡蛋原本就有裂缝，但你没注意到）。

薄薄的蛋壳怎么会这么坚固呢？这其实跟鸡蛋的形状有关。鸡蛋是圆拱形的，由抛物面组成，这种形状能够把受到的压力均匀地分散到蛋壳的各个部分。建筑师根据这种结构特

著名的悉尼歌剧院

点，设计出很多又轻便、又结实的建筑物。另外，蛋壳由方解石组成，方解石是碳酸钙的结晶体，水泥和大理石中也含有这种成分。

不过，只要你拿起鸡蛋，在案板上轻轻敲一下，蛋壳马上就碎了。这个现象叫作“应力集中失效”。对于住在蛋壳里、已经长成的小鸡来说，这可是个很大的优点。因为它只需要用嘴尖就可以啄破蛋壳，来到外面的世界。

有了空气，才会有生命

在煮鸡蛋的过程中，你或许会看见蛋壳上冒出很多小气泡。蛋壳看起来虽然很坚固，其实它上面密布着无数细小的孔，空气就通过这些小孔进到鸡蛋里。当你剥开煮熟的鸡蛋，会看见在鸡蛋较宽的一头，蛋壳和蛋白之间有一部分空隙，那就是鸡蛋储存空气的地方。小鸡的胚胎呼出的二氧化碳也会通过蛋壳上的气孔排出。只有能够呼吸到空气，胚胎才会长成小鸡，破壳而出。

这只小鸡出生刚刚8个小时，旁边是正在破壳欲出的小伙伴

The Insurances for the Trip

旅途中的保险

作者：鲁思齐

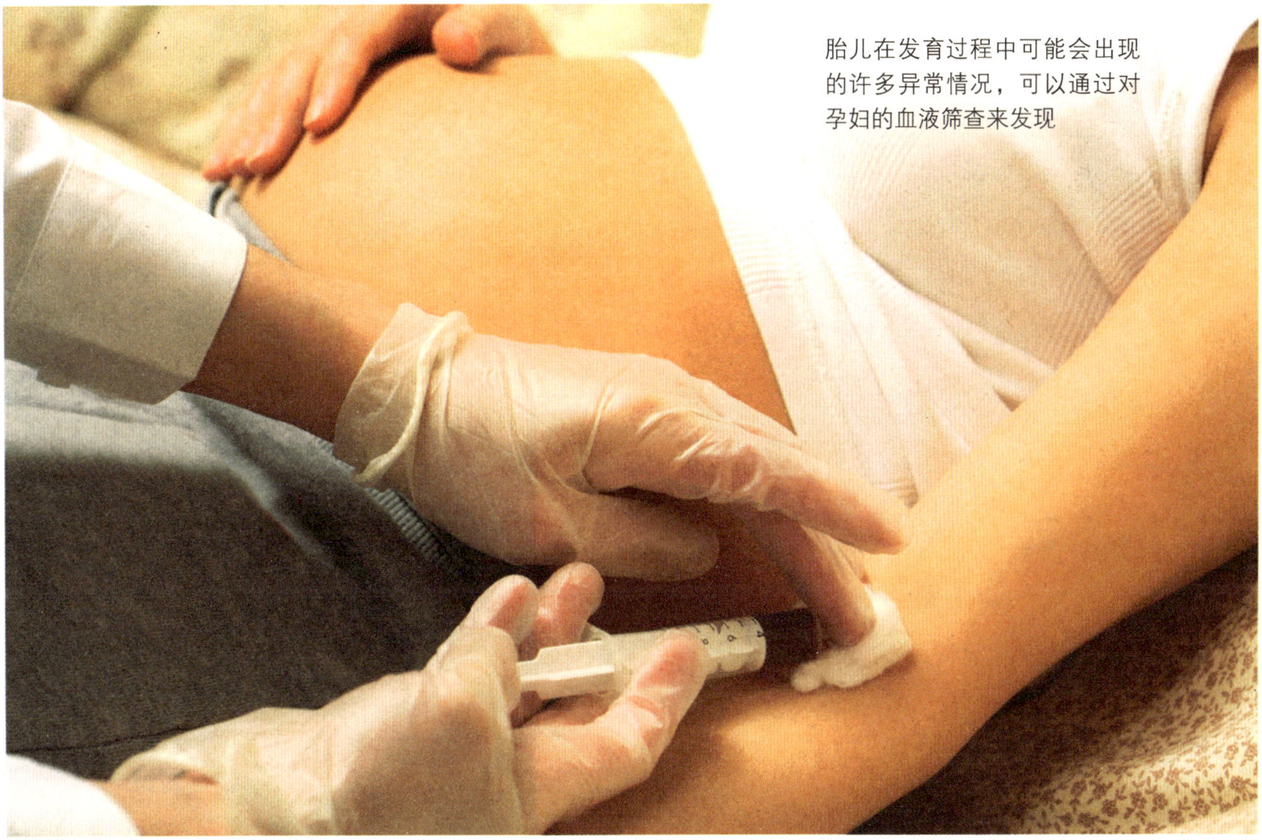

胎儿在发育过程中可能会出现的许多异常情况，可以通过对孕妇的血液筛查来发现

从受精卵形成，到婴儿呱呱坠地，胎儿在妈妈的子宫中有长达40周的旅行。在这段时间里，准妈妈会有多达十几项的检查，这些检查就像胎儿旅途中的保险，能够确保宝宝和妈妈的健康，预防可能出现的危险。

第5~6周

超声波可以检查出胚胎在准妈妈子宫的什么位置“着陆”，如果胚胎着陆的位置不对，会给后面的孕期带来风险。另外，通过超声波检查也会得出胚胎的数目。一个、两个、三个？甚至更多个？如果是两个或者两个以上，准妈妈会受到格外的关注，因为怀上多胞胎也会增加孕期的风险。

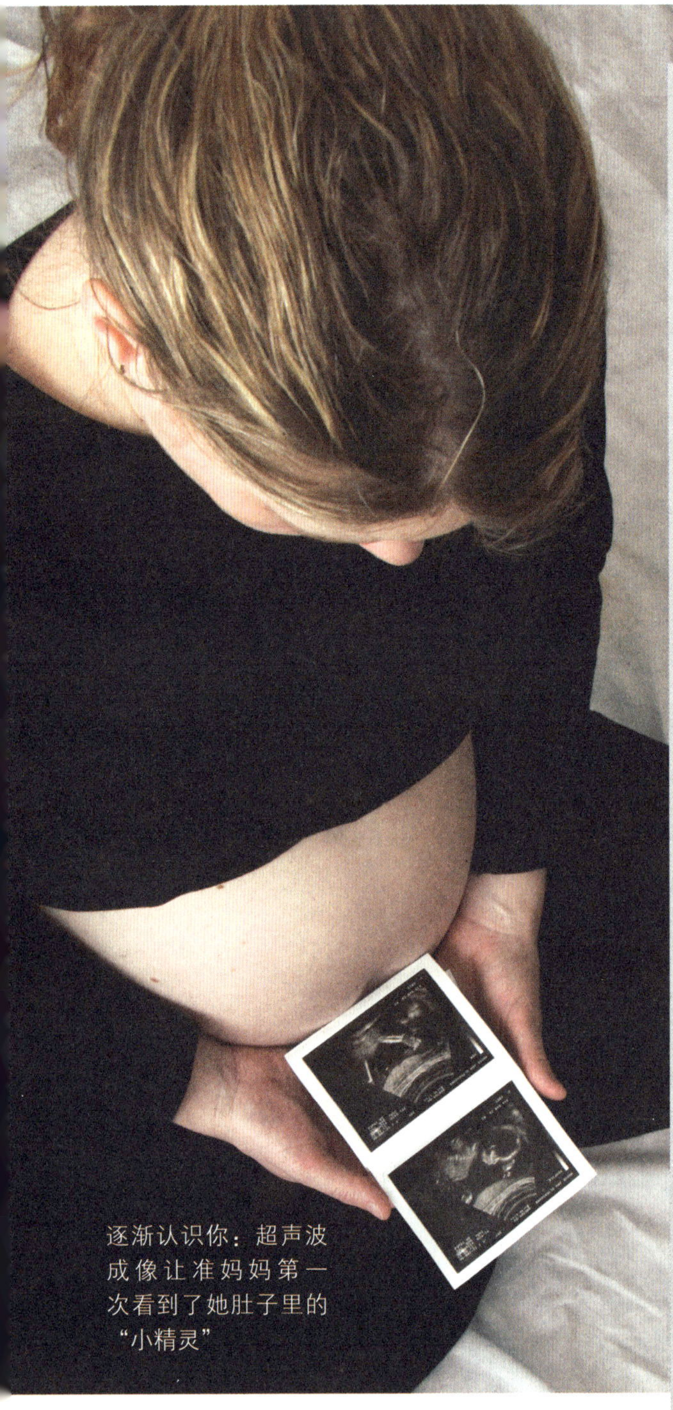

逐渐认识你：超声波成像让准妈妈第一次看到了她肚子里的“小精灵”

第6~8周

超声波检查能看到胎儿的心跳，虽然这时候的胎儿非常小，大概体长1.2厘米，重6克，但是已经能够分得出头、身体和四肢，还能看到一个小点点跳来跳去，那就是胎儿的心跳。是不是很神奇呢？从这时候开始，通过特殊的仪器——胎心听筒，还能听到宝宝的心跳。第一次听到胎儿的心跳会让准妈妈激动不已。胎儿的心跳一般每分钟会达到150次以上。

第12周

量体重、量血压、尿检和听宝宝的胎心音，这四项是准妈妈怀孕12周之后每次常规检查的项目。

体重：怀孕期间，准妈妈体重会大幅上升，而体重增加过多会有生产巨大胎儿的风险，所以每次产检都会量体重。如果增重太多，医生会建议准妈妈控制体重。

血压：孕妇的血压会一直被监控，因为孕期高血压对孕妇和胎儿的危害极大。

尿检：一方面是检查有没有尿蛋白的迹象，如果有的话，可能会是先兆子痫的征兆，就是说准妈妈在以后的一段时间里会出现头痛、眼花、呕吐、肚子痛的症状，甚至可能会出现视力障碍；另一方面检查尿糖水平。高尿糖是妊娠期糖尿病的一个重要信号。

第16~18周

唐氏筛查是准妈妈应该做的最重要的检查

之一。通过抽取准妈妈的血清，分析计算生出唐氏儿的风险系数。唐氏儿一般会先天畸形、智力低下，生活基本不能自理。

如果唐氏筛查结果是“高危”，医生会建议做羊水穿刺。将针刺入羊水中，抽取羊水，对胎儿进行染色体分析。羊水穿刺的结果也只是显示胎儿畸形的可能性，不表示胎儿一定患病。不过羊水穿刺的准确率非常高。也会有准妈妈担心针会刺伤胎儿，而不愿意做羊水穿刺，但这种情况发生的概率非常小。

第17~20周

这个阶段，医生会通过超声波检查看看胎儿的外观发育是不是正常，还会量一下胎儿的头围、腹围、大腿骨的长度，检查脊柱等，判断胎儿有没有异常。这时通过超声波能看出胎儿的性别了。

第21~24周

这个阶段，医生会要求准妈妈做妊娠糖尿病筛查。医生先让准妈妈喝50克的糖水，一小时后，再抽取准妈妈的血液进行检测。如果实验结果显示有患糖尿病的风险，准妈妈就要再回医院抽血，而且第二次检查比第一次要复杂很多。如果准妈妈被确诊为妊娠糖尿病，就要从饮食和运动上进行调节控制。

第28周

这个阶段，准妈妈还要做乙型肝炎检查、梅毒血清实验和德国麻疹的检查。

如果准妈妈是乙型肝炎患者或乙型肝炎病毒携带者，新生儿在出生24小时内要注射乙肝疫苗。医生还要确认准妈妈是不是梅毒患者，如果有梅毒的话，一定要在新生儿出生之前彻底治疗。在注射德国麻疹预防针后的3~6个月之内都不可以怀孕，以免对胎儿造成不好的影响。

怀孕后期的检查

从第29周开始，就进入怀孕后期了。这个阶段除了量体重、量血压、尿检和听胎心这些常规检查，医生还会检查准妈妈是不是有水肿。在第34周会做一次详细的B超检查，评估宝宝的重量和各项发育指标。到了37周之后，小宝宝就具备了足够的生存能力，随时可能离开准妈妈的子宫，来到外面的世界。医生会告诉准妈妈在什么情况下需要立刻去医院待产。

准妈妈在这40周中通过各项检查，及时了解胎儿的健康状况。医生就是准妈妈的伙伴，他们会给出现问题的准妈妈们提供专业的帮助。

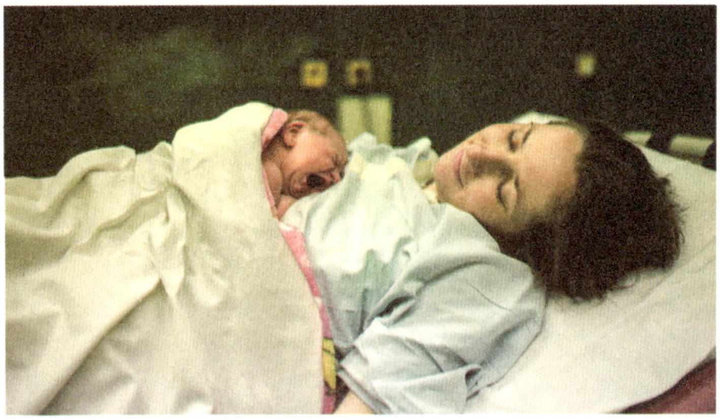

Can an Embryo Understand Mozart?

胎宝宝能听懂莫扎特吗？

作者：赵楠

人类宝宝在来到这个世界之前，要在妈妈的肚子里住上9个多月。宝宝的一举一动、每一次心跳，妈妈都是第一个知道的人。在这个时期，妈妈是否就可以通过她的行为——所谓的“胎教”来影响宝宝日后的智商和情商呢？

“胎教”的起源

最早提出“胎教”概念的是我国的祖先。据传孟子的母亲在怀孕的时候给自己订下了“四戒”：目不视恶色，耳不闻恶声，心不妄想，非礼勿视。也就是说：不看难看的东西，不听难听的声音，不乱想，不符合礼仪规定的东西都不看。汉代的贾谊则在《新书·胎教》中首次提出“胎教”的概念。

西方关于胎教的记载虽然比中国晚很多，但最早用科学实验的方法研究了母亲对胎儿的影响，取得了外界声音的刺激会让胎儿心率增加等实验结果。20世纪80年代，B超的运用和普及使得科学家能够更容易地观察母亲的行为对腹中胎儿的影响，一系列的科学实验数据也随之出现。

美国加州著名的妇产科医生雷内·范·德卡尔（Rene Van de Carr）是最早

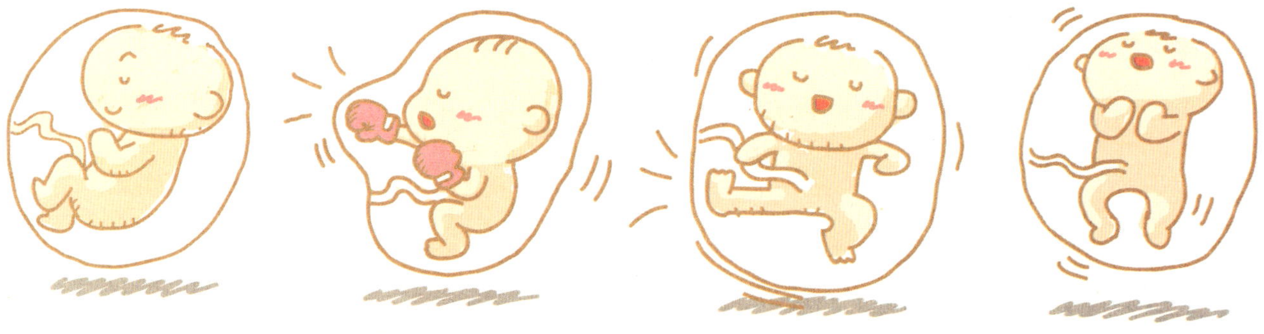

推动胎教的先锋之一。一位孕妇曾兴奋地对他讲述：如果她拍打自己的腹部，腹中的胎儿也会用“拳打脚踢”来回应她。德卡尔好奇地在这位孕妇的腹部拍打起来，胎儿真的也有了回应。这引起了德卡尔极大的兴趣。他进行了大量的观察实验，坚信胎教作用是巨大的：进行过胎教的胎儿在出生后，其语言以及自律性等方面的表现会非常优异。他在加州创办了“胎教大学”，鼓励父母通过对话和抚摸等各种方式进行胎教。

胎教真的有用吗?

也有很多人对胎教实验表示怀疑。国外大部分医生和家长并不盲目相信胎教的神力。在他们看来，到目前为止，没有任何一个严密的实验和精确的数据可以证明胎教能让胎儿智力提升、情商发达。就算有胎教，其内容不过是让孕妇拥有良好的生活习惯和饮食习惯，有愉快放松的心情。想刻意培养胎儿的音乐、语言等能力的胎教行为实在是没有必要进行，一切顺其自然就够好了。甚至有很多人坚决反对过分的胎教宣传，因为一旦母亲觉得自己没有做好胎教，会有很强的负罪感，如果孩子出生后有些小问题，母亲就会心存内疚，凡事都归罪于自己当年没有好好地进行胎教，这反倒不利于对孩子的培养。

胎教派vs反胎教派

胎教派相信：怀孕开始就要给胎儿听莫扎特等经典音乐，这样可以让胎儿带着音乐天分出世！反胎教派则嘲笑胎教派的无知：受精卵最初在妈妈肚子里正忙着细胞分裂，根本就不具备听觉能力，就算在胎儿的听力形成之后，那些音乐之声传到妈妈肚子里，立刻就混杂在羊水咕噜咕噜的声音里了——胎儿到底能听到多少莫扎特的音乐，根本就无从知晓！

胎教派主张妈妈要和孩子多说话，每天为肚子里的宝宝朗读诗歌，声称这样宝宝就会拥

有超凡的语言能力。反胎教派则不屑地提出：语言必须是和真人在实际交流中日积月累学会的，在短短的几个月里隔着肚皮听妈妈讲话就会提高语言能力，真是痴人说梦！

胎教派高调地宣布：通过仪器观察，妈妈体内的胎儿对外界的各种刺激都有不同程度的反应，包括心跳速度、手脚动作以及面部表情等，说明是可以通过外界手段来影响胎儿的脑神经的。反胎教派瞧不上胎教派的大呼小叫：胎儿对外界刺激有反应是正常的条件反射，不能就此断定胎儿的反应就是智力提高、情商加强的表现。再说根本无法证明妈妈没事找事地对胎儿进行各种信息刺激，对胎儿来说，到底是良性的还是恶性的。

胎教派相信“优生优育能孕育出优秀的孩子”，一旦胎教没有做好，宝宝就输在了起跑线上。而反胎教派则不以为然地认为：孩子任何时候的任何经历都影响着人生的进程，没有任何一个人生阶段可以超越并凌驾于其他阶段，人生最重要的阶段是不存在的！

不算结论的结论

虽然胎教派与反胎教派争论不休，但在争论的过程中，也逐渐有了一些共识：比如反胎教派承认，孕妇适当补充叶酸等营养物质会有益于宝宝的头脑发育，而如果妈妈长期处在吸烟、喝酒、精神抑郁等不良生活习惯中，宝宝患各种疾病的概率肯定更高一些。从这些方面看，胎教也是功不可没的。胎教派也逐渐意识到，胎教的功用被某些商家夸大和神化了，众多打着“研究证明，理论发现”牌子的胎教产品并没有严谨的科学依据。最让有些胎教迷父母失望的是：即便他们努力达到了胎教的各种要求，他们还是没有生出“神童”和“天才”来！

到底母子是否连心，胎教的功效究竟有多大，都还需人们继续探究。

Mechanically Minded

机械脑子

作者：D. 萨顿（D. Sutton）
译者：郭辰
绘者：骆玫

这些天阴雨连绵。12岁的内森计划下周六骑车去爸爸家。但是他可不希望自己因为沾满泥巴的裤子而被继母爱伦——传说中的“爱干净女王”赶下沙发。看来他得给自己的单车装一个后挡泥板了。

“砰”的一声，单车店的门被推开了，柜台后的女孩子惊讶地看向门口。内森用一只脚顶着自行车店的门，把自行车从雨中推了进来。

“我需要一个后挡泥板。”内森说。他盯着地板，想象那女孩正在看着自己沾满泥巴的后背。他湿漉漉的头发紧贴在前额上，汗水滴进了眼里。

“爸爸，内森来了。”女孩朝里屋喊道。

她知道我的名字？内森想。他用衣角擦了擦雾蒙蒙的眼镜，却越擦越模糊。于是他掏出一块潮乎乎的手帕，迅速地擦拭起来。重新戴上眼镜的时候，内森感觉到自己的鼻子上挂满了汗珠。

现在终于能够看清那女孩了。“米歇尔！我还不知道这间单车店是你爸爸开的呢。”内森曾经对这位邻居来电了很长一段时间。他俩小时候一起踢过球，之后女孩到私立学校念书去了。学校位于小镇的另一端，自此他几乎没有再见过她。

“我爸妈前几个月才买下这间店的。”米歇尔说。

“那天那场橄榄球赛可真有看头，”米歇尔的爸爸说着话从后面走了出来，“你小子这个四分卫当得真不赖。我相信你父母一定很骄傲。”

“是吧。这些年一直都输给你们，这次能够赢回来，我觉得挺高兴。”内森说。

“有一点可以肯定，就是你打破了我们学校的连冠。”米歇尔说。

“本该说抱歉的，但我的确没觉得抱歉。”内森咧开嘴笑了。

米歇尔的爸爸帮内森挑了一个后挡泥板，而内森则尽量让自己一直面朝大家。他希望没人会看见自己溅满泥巴的裤子，他能感觉到裤子上的泥点子正往里头渗呢。

“要帮你装上去吗？”米歇尔的爸爸问。

“谢谢，不用了。我回去自己装吧，我有一个机械脑子。”内森边说边结了账，随后把挡泥板系在车龙头上，推着车走向门口。

但是门却打不开。

“嗯，门是上了锁还是怎么回事？”他把溅了泥巴的后背避开米歇尔。

“没有，就是卡住了。”米歇尔笑着过来帮忙。

内森回想着自己刚才说过的话，感到脸颊发烫：还机械脑子呢，连一扇门都打不开。

“你需要这个。”米歇尔递给他一条松紧带。有一瞬间，内森以为她递给自己的是一串手链。他感到奇热无比，汗水在被雨水浸湿的运动衫下面沿着背心流了下来。

“它能避免裤腿卷进绞盘里去。”米歇尔解释道。

内森向下看去，看见裤腿上有黑色的机油痕迹。

“哦，谢啦。”还好是油脂，我还以为是泥巴呢。他心想。

周六，妈妈出门上班的时候天上正下着雨。虽然一周以来爸爸都没有接电话，但是内森并不打算放弃他们原来的计划：在爸爸的大屏幕电视上看职业足球季后赛。

内森给单车装上后挡泥板，然后用米歇尔给的带子系住裤腿。就这样，他自信地骑着车到了爸爸家，这回见到爱伦的时候身上肯定没有泥点或者机油了。

当爸爸打开门的时候，内森惊呆了。爸爸的头发打着结，胡子也没刮，衣服上湿了一大块，他还抱着一个粉色的东西。内森想到爱伦，估计她已经被爸爸的新形象吓晕过去了：那是脏，极其的脏啊。

“内森，”爸爸叫他名字的语气就像在祈祷一样，他举起那捆粉红色的东西，“这是安妮，你的小妹妹。”

“哇，我一直都没你的消息，但是……”

“不好意思。这儿都乱疯了。爱伦还在医院呢。”爸爸疲惫地说。

“爱伦还好吗？”内森问，“我以为她还有好几周呢。”

“她会好的。你能先抱一会儿安妮吗？我得去洗几个奶瓶，还要去洗衣服，再去冲个澡。安妮整夜都没睡，我也一样。”

“好的。”内森说。当他小心翼翼地接过婴儿时，他感觉到自己胸口发胀，嗓子发紧。爸爸向他展示该怎么扶住安妮晃来晃去的小脑袋，可这时她开始轻声地哭泣起来。

“你还是个婴儿的时候绝对没有这么常哭，这点我确定。”爸爸说，“这是她的奶瓶。”

内森把奶瓶塞给她，安妮变得安静了，大口地吸着奶。

“爸，你去洗澡吧。我们没问题的。”内森说。他目不转睛地盯着妹妹柔软的头发和花骨朵一般的嘴唇。

“我给你示范一下怎么帮她吃完以后打饱嗝。”爸爸说。

“好的。”内森茫然地回答。

“等一下我们就能用大屏幕看比赛了。”爸爸说。

“嗯，好。”就在一瞬间，周六的计划和沾满泥点的裤子好像已经是很遥远的事情了。

后来，内森回到了妈妈家。米歇尔正在那里等他，一边把一个橄榄球抛向空中。

“我想也许你能给我亮一下那天的绝招。”她说。

“当然可以。”内森说。

“嘿，你衣服上的脏东西是啥？”她问。

内森低头看了看自己的衣服，上面有一大块已经干了的白斑。他顿时感到有一点尴尬，但是立马深吸了一口气，骄傲地说：“这白斑啊，是我刚出生的小妹妹吐在我身上的。”

Can Human Be Cloned?

我们能克隆人吗？

作者：韩晶晶

泰国作家赛尼暖的科幻小说《克隆人》讲述了两个克隆人的悲惨命运：一个亿万富翁在自己的壮年时期，利用自己的体细胞，培育出两个克隆人（就是复制出跟自己一模一样的人），其目的是为了在自己衰老后，移植他们的器官来保持青春。小说中的克隆人和正常人一样生活、恋爱、信教……但却被当作实验用的动物一般对待。

"克隆" 是英文 "clone" 的音译，可以理解为复制、拷贝，就是从原型中产生出同样的复制品， 它的外表及遗传基因与原型完全相同。克隆人就是利用克隆技术，复制出一个跟原型人一模一样的人。

1938年，德国胚胎学家首次提出了克隆技术的设想。1952年，科学家首次用青蛙开始了克隆实验。1996年7月，英国科学家伊恩·威尔穆特博士用成年羊体细胞克隆出了一只活绵羊——多莉。在这之后，科学家又成功地克隆了牛、猪、小鼠等动物。当然，科学家这样做的目的不是为了最终克隆出人类的婴儿，而是为了培育用于养殖的新品种家畜。

但是，到了2002年4月，意大利医生塞韦里诺·安蒂诺里宣布，他已经成功地进行了人体克隆。他把一个克隆的受精卵注入一名参加实验的妇女子宫中，这位女性已经怀胎8个月，但他不愿意透露她的姓名。2003年，他又声称，第一个克隆宝宝顺利出世了。

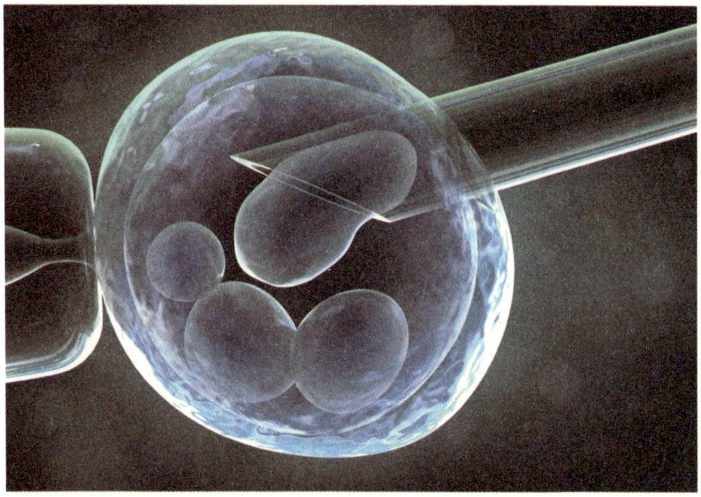
克隆要把取自其他细胞的遗传物质注入空心的卵细胞中

正常的生育，是一个卵细胞和一个精子细胞结合形成受精卵，这个受精卵携带了父母双方的基因，会成长为一个全新的个体。而要完成人体克隆，就需要把某个卵细胞中的遗传物质取出，然后把某人身体细胞中的遗传物质注入这个空心的卵细胞内。之后用电击或药物等手段刺激细胞，让它发育为胚胎。胚胎先要在培养皿中生长一段时间，然后再植入到女性的子宫中，在那里成长为

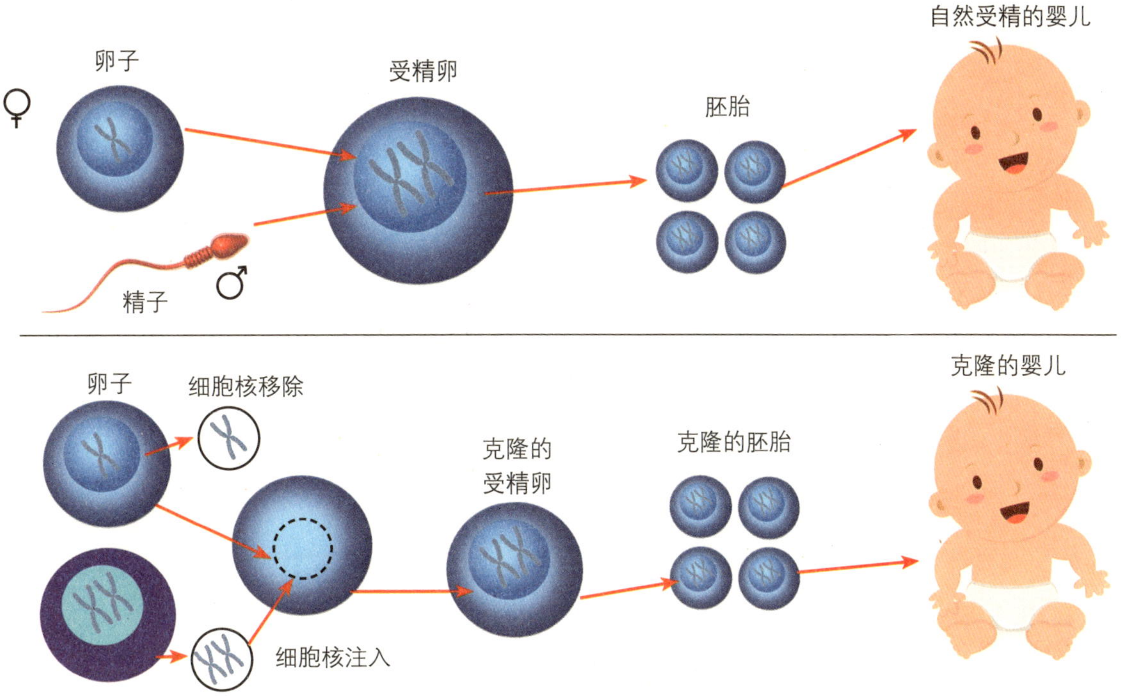

上图是自然受精生育人的过程：精子让卵子受孕，形成胚胎，然后在生母的子宫里孕育成婴儿。下图是克隆人的过程：把某个卵细胞中的遗传物质取出，然后把另一个人细胞中的遗传物质注入这个空心的卵细胞内，之后用电击或药物等手段刺激细胞，让它发育为胚胎并植入到女性的子宫中，在那里成长为胎儿

胎儿。这个胎儿的基因和提供遗传物质的原版一样，是不折不扣的复制品。

安蒂诺里声称，克隆人是为了帮助那些不孕不育的夫妇。的确，对于某些无法生育的人来说，克隆可能是得到真正属于自己的孩子的唯一办法，有许多人寄希望于此。据安蒂诺里说，有200对夫妇报名参加克隆实验。也有人把克隆当作获得重生的方法，在至爱或亲朋不幸离世后，他们希望用克隆技术把亲人带回自己身边。

但是，安蒂诺里的行为受到国际主流社会的普遍批评。主流社会认为：人体克隆是违反职业道德的行为，既危险又没有必要，不但破坏了对生命的尊重，还侵犯了人类的尊严。

另外，科学家还认为：要成功克隆一个胚胎非常不易，即便成功，也会存在严重的健康问题。就拿克隆成功的动物来说，研究发现：这些动物体内有着各种各样的缺陷，心脏、肝脏、肺、血管、免疫系统等都可能出现异常。绝大多数克隆动物都迅速地夭折了。第一只克隆羊，大名鼎鼎的多莉本身也是在仅有6岁时就患上严重肺病而被迫实行了安乐死，它的寿命仅有普通绵羊的一半。

除了科学界的反对，人体克隆也遭到了出于伦理和宗教方面原因的反对。有人认为，这是在试图扮演上帝；也有人认为，这是对伦理的践踏，会破坏家庭这一人类社会的基石；还有人担心，克隆人因为只是原版的复制品，人权会受到限制，他们可能会被当作廉价劳动力而遭受奴役。

2002年在上海召开的国际人类基因组大会上，伦理学家与科学家纷纷赞成科学无禁区，但“克隆人”实验行为应有禁区。哥斯达黎加等国曾在联合国发起过禁止人体克隆的决议，但因一些国家还希望保留治疗克隆的研究，联合国只是在2005年5月发布了一个非约束性的声明，主张禁止一切形式的人体克隆。

科学改变了我们的生活，甚至改变了我们的思维方式。但是，有时候，科学的发展也可能给人类带来目前还看不到的灾难。

多莉由于身染重病接受安乐死时仅有6岁，是普通绵羊寿命的一半

Celebrating with Sticks

用棍棒过生日

作者：陈研嘉

位于中美洲的危地马拉是个热情又可爱的国家，那里的小朋友在过生日时，庆祝方式和其他地方可是大不相同哦。在危地马拉，每当有小朋友过生日时，家长或老师就会准备一个“Piñata”作为生日礼物送给小朋友。

什么是Piñata呢?这是一个用铁丝做骨架，用纸糊成不同造型的图案纸盒，里面装满糖果、文具、碎纸花和小玩具。在小朋友生日派对上，家长会将Piñata吊在半空中，让小朋友们蒙着眼睛，拿着棍棒，从小寿星开始，轮流对着Piñata敲打。用纸糊的Piñata很快就会被孩子们打破，糖果啊、玩具啊就会从天而降。游戏中充满了尖叫声及欢笑声，这是中美洲小朋友过生日时最期待的活动。

Piñata据说是源自印第安阿兹特克人的宗教仪式，而后被天主教徒继续沿用，但这种宗教仪式的目的也逐渐被改变。后来的Piñata不再只是一个宗教仪式，反而成为民间过生日时的庆祝仪式。

现在西班牙语系国家，如墨西哥的小朋友们，尤其是小学的孩子，学校老师每个月都会选一天为当月出生的孩子庆生，并准备Piñata。现在的Piñata造型是千奇百怪，有最流行的海绵宝宝、朵拉、小熊维尼、HelloKitty等。通常老师会在放学前让小寿星们玩这个游戏，小寿星手上拿着纸捆的大棒子，蒙着眼睛，自转几圈，然后乱棒挥打Piñata。棒打Piñata时，大伙儿在旁边唱起童谣。孩子们轮流敲打Piñata，打啊打，打破Piñata后，糖果和玩具散落满地，碎纸飘下，大家纷纷拾起糖果和玩具向小寿星表示祝福。

Special Benefits for Birthday

生日享特权

作者：陈研嘉

住在美国加州湾区6岁的Jan最喜欢过生日，不只是自己的生日，同班小朋友的生日她也一样喜欢，因为只要有人过生日，就代表有礼物，还可以唱歌跳舞。在Jan的学校，老师每个月都会制作一张大海报，海报中间是当月小寿星的照片，贴在一个大太阳上面，围绕在太阳四周的是用英文拼写的十二个月，还有小寿星从小到大的照片。

在有小朋友过生日的这天，老师会在早上上课时，邀请所有小朋友围着小寿星绕圈圈。小寿星拿着老师制作的海报站在中间，分享海报上的照片内容。紧接着，大家就开始唱歌活动。小寿星几岁，同班的小朋友就会绕几圈，绕一圈就代表长大了一岁。小寿星的家长通常都会事先准备好小礼物袋，请小寿星带到学校分送给班上同学，每次装的东西都不一样，有彩色笔、糖果或是流行的小玩具等，最后，老师也会送上一份大礼——一天的“free homework pass”（一天不用写功课）。难怪Jan最期盼同学过生日呀。

在自己的教室里过生日是美国学校比较流行的方式，当然每个州每所学校会有所不同。比如在纽约长岛杰瑞可区的杰克逊小学里，四年级的孩子过生日时可以为全班同学选择一个活动，或者要求有额外的课间休息，或者是额外的电脑时间，或者带蛋糕开派对等。过生日的孩子在这一天可以自己做主，那感觉真是太好了！